ミニトマト
さいばいカレンダー

4月の中ごろから5月のはじめくらいまでに、なえをうえると、
夏休みがはじまる前の7月のうちに、
まっ赤なミニトマトがしゅうかくできるよ。

	4月	5月	6月	7月
さぎょう	←···なえうえ···→ ←······わきめつみ····················→		花がさく / みがでる ←······追肥······→ みが赤くなる	
日当たり	☀☀☀	☀☀☀	☀☀☀	☀☀☀
水やり	💧💧💧	💧💧💧	💧💧	💧💧💧
肥料			●●●	●●●

※日当たり、水やり、肥料は、月ごとの目安。やりすぎにちゅうい。
※このカレンダーは、わい性のミニトマトをそだてた時の目安。
※わきめとりをして、そだてつづけると、8月までみをしゅうかくすることができるよ。

学校でそだててかんさつ 夏やさい

ミニトマトをつくろう！

監修 筑波大学附属小学校教諭 青山由紀／鷲見辰美

あかね書房

はじめに

ミニトマトを知っていますか。食べたことがある、好き、苦手など、いろいろな声が聞こえてきそうです。では、ミニトマトのはっぱはどんな形でしょうか。たねはあるのかな。意外と知らないことも多そうです。自分でミニトマトをそだててみたら、わかることがたくさんあります。

この本では、ミニトマトをそだてる時に気をつけることやアドバイスを写真や絵をつかってわかりやすくまとめました。みなさんも、ぜひ、ミニトマトをそだててみてください。新しい発見がいっぱいありますよ。

筑波大学附属小学校教諭 青山由紀・鷲見辰美

この本の見方

この本では、ミニトマトをじょうずにそだてて、かんさつをするためのやり方を、しょうかいしているよ。

なえをうえてからたった日数
ミニトマトのしゅるいや、そだてる地いきによって、成長の早さはちがうから、目安にしてね。

ミニトマトの写真
ミニトマトが成長して、ようすがかわったところを、大きな写真でしょうかいしているよ。

ミニトマトの高さ
ミニトマトが、どのくらいの高さまでのびているかわかるよ。きせつや、ミニトマトのしゅるいによって、高さはかわるから、目安にしよう。

かんさつポイント
どんなことにちゅうもくして、かんさつをすればいいかがわかるよ。

ちゅうい
ミニトマトをそだてる時に気をつけたいことをしょうかいしているよ。

もっと知りたい・やってみよう
ミニトマトについて、知っておきたいことや、ためしてみたいことをしょうかいしているよ。

かんさつカードのかき方を知りたい時や、虫がついたり、病気になったりしてこまった時は、32～38ページのさいばい・かんさつ　おたすけ資料を見てみよう。

 # もくじ

ミニトマトって、こんなやさい!!……4
さいばいをはじめる前のじゅんび……6
さいばいしよう① なえをうえよう……8
さいばいしよう② わきめをとろう……12
　🔍もっと知りたい　高性のミニトマト……13
さいばいしよう③ つぼみができた！……14
　🔍もっと知りたい　はっぱのようすで、水分チェック！……15
さいばいしよう④ つぎつぎと花がさいたよ……16
　🔍さらにかんさつ！　花のふくろの中を見てみよう！……17
　🔍もっと知りたい　花ふんはどうやってめしべにつくの？……17
さいばいしよう⑤ 花がしおれて、みができた！……18
　🔍やってみよう　鳥や虫からみをまもろう……19

さいばいしよう⑥ みが色づいてきたよ！……20
　🔍さらにかんさつ！　トマトのみのなり方を見てみよう！……21
さいばいしよう⑦ みをしゅうかくしよう！……22
　🔍もっと知りたい　たねの大ぼうけん……23
くわしくかんさつ！みの中はどうなっているのかな……24
　🔍もっと知りたい　みからたねをとりだしてみよう……25
ミニトマトかんさつ絵本をつくろう！……26
ミニトマトのまめちしき……30

┌─────────────────────────────────┐
│ さいばい・かんさつ　おたすけ資料 │
│　かんさつカードのかき方をマスターしよう……32 │
│　ミニトマトさいばいトラブル　虫や鳥に食べられた！……34 │
│　ミニトマトさいばいトラブル　病気になった・うまくそだたない……36 │
│　ミニトマトさいばい Q&A……38 │
└─────────────────────────────────┘

さくいん……39

ミニトマトって、こんなやさい!!

スーパーマーケットで、ミニトマトを見たことがあるかな。
へたがついたままで、パックに入って売っているね。
1年中食べられるけれど、ミニトマトは
夏にみができる、夏やさいなんだ。

夏の日ざしを
たっぷりあびて、
まっ赤になるよ。

ミニトマトには、いろいろなしゅるいがあるよ。赤や黄色、みどり色やむらさき色。丸いのや細長いの、ハート形のもの。あまみのあるもの、すっぱいもの。

黄色
ハート形
むらさき色
みどり色

高性

成長のようすも、しゅるいによってちがうんだ。せが高くのびるのは、高性のミニトマトというよ。せがあまりのびなくて、プランターでそだてやすいのは、わい性のミニトマトというんだ。

わい性

わい性は高性よりも、みの数が少ないよ。

この本では、一年生の時につかったあさがおのプランターで、わい性のミニトマトをそだてるよ。

さっそく、なえをうえてみよう！

さいばいをはじめる前の
じゅんび

どんなものをつかうのかな。たしかめておこう。

よういするもの

あさがおのプランター

あさがおのプランターがない時は、5号サイズのうえきばちをつかおう。

ミニトマトのなえ

たねからめが出て、少しそだったもの。

土

ばいよう土
肥料が入った土。えいようたっぷり。

ふよう土
かれたはっぱからできた土。

ペットボトルじょうろ

水やりにつかうよ。

スコップ

土をすくって、プランターに入れるよ。

肥料

やさい用の肥料をよういしよう。

高性のミニトマトをそだてる時によういするもの

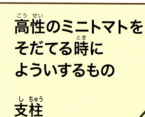

支柱
ミニトマトのくきをささえるよ。

はりがね
支柱とくきをむすぶよ。

さいばいしよう ❶

1日目 なえをうえよう

まずは、ミニトマトのなえを見てみよう。どんなとくちょうがあるかな。じっくりかんさつしてみよう。

さわってみよう
はっぱやくきを
さわってみよう。
どんな手ざわりかな。

はっぱ

見てみよう
はっぱの
ひょうめんは
どうなって
いるのかな。

くき

かいでみよう
はなを近づけて
かいでみよう。
どんなにおいが
するかな。

なえをぎゅっとにぎったり、もったまま長い間すごしたりすると、元気がなくなるんだって！気をつけてね。

かんさつカードをかこう

かんさつしたことは、すぐにカードにかきこむようにしよう。かき方のヒントは32ページにもあるよ。

> ミニトマトのなえにあつまってくる生きものも、かんさつしてみてね。

ハチ　アブラムシ　鳥

かんさつカード

自分の名前

そだてているものの名前

タイトル
ミニトマトのなえはどんなようすだったかな。一言であらわそう。

かんさつイラスト
かんさつしたところを絵でかくよ。とくにじっくりと見たところを、大きく細かくかいてみよう。

かんさつ文
かんさつしたことを文しょうでかくよ。まずはかきたいことをメモしてから、文しょうを考えるといいよ。

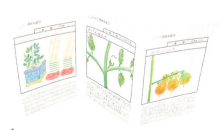

かけたかんさつカードのはしをつなげると、ミニトマトがどうやって成長したか一目でわかるよ。

なえうえの手順

1 プランターに土を少し入れる

スコップであさがおのプランターに土を入れよう。ばいよう土を3ばい、ふよう土を2はいの配分で入れよう。

土のりょうの目安

プランターの中になえのポットをおいてみて、プランターのふちから、なえのポットの土までが、5cmほど空いているか、たしかめよう。

2 なえをポットからとりだす

ポットを左手にもってかたむける。右手はなえのねもとにそえるよ。ポットのそこを少しおしたら、なえが出てくるよ。

左手でポットのそこを少しおそう。

とれた！

ちゅうい

くきを引っぱらないようにしよう。一人ではむずかしい時は、二人でやってみよう。

白いねが見えるね！土ごとうえるんだって！

3 もっと土を入れる

なえをおいたら、ねが見えなくなるまで、わきにも土を入れよう。大きなプランターになえを2つうえる時は、間を20cmくらい空けよう。

はっぱではなく、土にかけてね。

4 水をやる

土をかぶせたら、水をあげよう。プランターの下から水が出てくるまであげるよ。まい日朝10時くらいまでにやり、土がかわいていたら、夕方にも水をやろう。

\できあがり！/

うえたばかりのなえは、しおれているように見えるけれど、しっかり水やりをして日に当てれば、元気になるんだ。

さいばいしよう ❷

1週目 わきめをとろう

はっぱがふえて、せものびた。えだわかれしたくきのねもとからも、小さなはっぱが出ているね。これが「わきめ」だよ。

わきめ

わきめ

高さ15cmくらい

見てみよう
くきがわかれたところから、小さなはっぱが出ているね。

わきめのとり方

わきめは、ほうっておくとどんどんのびるよ。まい日こまめにチェックして、つまんでつみとろう。

はっぱがこみあうと、病気にもなりやすいよ。

つまむ　　　　つみとる

ちゅうい

くきにばいきんが入るので、切り口にさわらないこと。

もっと知りたい　高性のミニトマト

高性のミニトマトは、わい性のミニトマトよりも高くのびるよ。トマトは、じつは、地めんをはうようにのびていくしょくぶつなんだ。ほうっておくとたおれてしまうから、支柱を立てて、くきをはりがねでゆるくむすぼう。

たけが20cmくらいまでのびたら、1.5m～2mくらいの支柱を立てよう。

支柱をこえて、のびている、高性のミニトマト

わい性のミニトマト

さいばいしよう ❸

2〜3週目 つぼみができた！

小さなつぼみがつきはじめたよ。
少しひらいているものもあるね。どんな花がさくのかな。

見てみよう
ひらきはじめた
つぼみがあるね。
花びらはどんな
色かな。

見てみよう
つぼみを、よく見てみよう。
花をつつんでいる
みどり色のものは、
このあとどうなるのかな。

高さ20cmくらい

花がさくまで

つぼみができてから、花がさくまでは、3日から5日くらい。つぼみがひらくまでを、順番に見てみよう。

さいた！

花びら　がく

① はじめは、ぴったりととじているよ。

がく

② がくがひらいて、花びらが見えた！

がく　花びら

③ がくが外がわにひらいて、花びらがぜんぶ見えるよ。

もっと知りたい　はっぱのようすで、水分チェック！

なかなかつぼみがつかない、花がさかない……。そんな時は、水が足りていないかもしれない。はっぱのようすを見れば、ミニトマトに水が足りているかがわかるんだ。

水が足りていない時のはっぱ

はっぱがかわいて、カサカサ。

はっぱの先が丸まっている。

つぼみができると、つぼみばかり見てしまうけれど、はっぱのようすも見ようね。

さいばいしよう ❹

2〜3週目 つぎつぎと花がさいたよ

つぼみがひらいて、どんどん花がさくよ。小さな黄色い花のまんなかに、ふくろのようなものがあるね。

高さ 20〜25cmくらい

見てみよう
花は、どんなむきでさいているかな。

見てみよう
花のまんなかにふくろがある！なにが入っているのかな。

さらにかんさつ！ 花のふくろの中を見てみよう！

花のふくろの中には、ミニトマトのみをつくるための大切なものが入っているんだ。

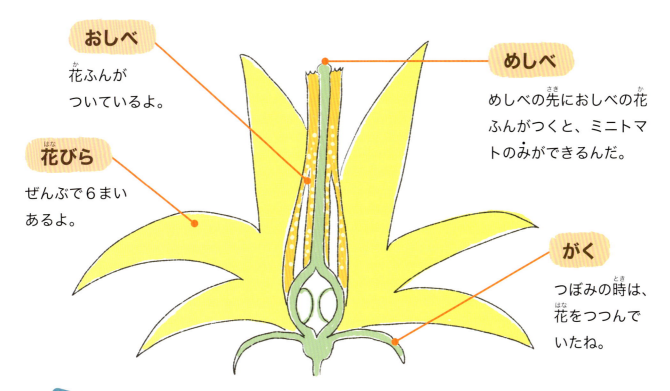

おしべ
花ふんがついているよ。

花びら
ぜんぶで6まいあるよ。

めしべ
めしべの先におしべの花ふんがつくと、ミニトマトのみができるんだ。

がく
つぼみの時は、花をつつんでいたね。

花ふんはどうやってめしべにつくの？

風がふいたり、虫がみつをすいに来たりした時に、花がゆれて、花ふんがめしべにつくんだ。虫は黄色がすきだから、花を見つけると、やってくるよ。農家のハウスさいばいでは、マルハナバチというハチをはなして、花ふんをはこんでもらっているよ。

「黄色い花だ！みつをすいたいな。」

「花ふんをはこんでね。」

さいばいしよう 5

3〜4週目 花がしおれて、みができた！

花のつけねのところがだんだんふくらんできた！
みどり色の小さなミニトマトがつぎつぎとできてきたよ。

見てみよう
がくのぼうしをかぶった小さいみができてきた！

見てみよう
花は、どうなっているかな。

見てみよう
みが大きくなってきた。がくはどうなったかな。

高さ25cmくらい

おいしいみにするには

追肥(ついひ)(肥料(ひりょう)をたすこと)をしよう

みができるころには、土(つち)の中(なか)のえいようがへっているよ。ねもとから、はなれた土(つち)の上(うえ)に、つぶつぶの肥料(ひりょう)をまこう。水(みず)をやった時(とき)に、えいようがとけて、土(つち)にまざるよ。肥料(ひりょう)は、正(ただ)しいりょうをやろう。

やってみよう
鳥(とり)や虫(むし)からみをまもろう

ミニトマトが赤(あか)くなるのは、まだまだ先(さき)。その間(あいだ)に虫(むし)や鳥(とり)がやってくる時(とき)は、ネットをはって、みを食(た)べられないようにしよう。

● よういするもの
・はいすいこう用(よう)のネット
・せんたくばさみ

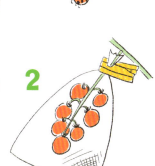

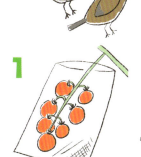

みのついているえだを丸(まる)ごと1本(ぽん)つつむ方法(ほうほう)だよ。

1 みのついているえだをネットでくるむ。

2 ネットの口(くち)をせんたくばさみでとめる。

さいばいしよう ６
５〜６週目 みが色づいてきたよ！

みどり色だったみが、まん丸と大きくなって、だんだんオレンジ色になってきた。赤くなるまで、もう少し！

見てみよう
みがみどり色だったころとくらべて、がくのようすはかわったかな。

見てみよう
みは、どんな順番で赤くなっているかな。

さわってみよう
花がとれたところは、どうなっているかな。

高さ 25〜30cm くらい

さらにかんさつ！ トマトのみのなり方を見てみよう！

少し赤いみと、まだみどり色のみがあるけれど、なぜだろう。みがなるえだとならないえだには、なにかきまりがあるのかな。

一番太いまんなかのくき

みが赤くなる順番

みは、一番太いまんなかのくきに近いものから、順番に赤くなっていくよ。くきからのえいようを、さいしょにうけとるから、はやく赤くなるんだね。

みがなるえだとはっぱがはえるえだ

ミニトマトは、はっぱのついたえだが3本出ると、4本目にみのついたえだがのびるんだ。わい性のミニトマトでは、かぶが小さいからわかりにくいけれど、右の図と同じようになっているよ。

みがなるえだは4本に1つだね。

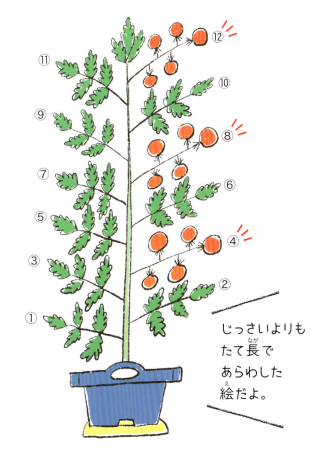

じっさいよりもたて長であらわした絵だよ。

さいばいしよう 7

6〜7週目 **みをしゅうかくしよう！**

やっとみが赤くなった！　しゅうかくがおくれると、かわが、ぶあつくなったり、みがわれたりするよ。

見てみよう
みの色や手ざわりをたしかめよう。

見てみよう
大きさはどれくらい？お店で買うものとちがいはあるかな。

高さ 25〜30cm くらい

しゅうかくのポイント

朝にしゅうかくしよう

トマトは、昼にたいようの光や水からえいようをとりこんで、夜のうちにみにためこむよ。だから、朝のほうがおいしいみをしゅうかくできるんだ。

みをつみとろう

トマトをしゅうかくする時は、がくの少し上にあるえだのもりあがったこぶのところを、ポキっとおって、とろう。

たねの大ぼうけん

ミニトマトのみは、鳥などいろいろな生きものが食べるよ。トマトを食べた生きものは、べつのところへ行って、うんちをする。うんちの中にはたねがのこっていて、そこからまためが出て、新しいトマトができることがある。トマトはうごけないけれど、遠くまで行けるんだ。

くわしくかんさつ！ みの中はどうなっているのかな

まっ赤なみを、たてに半分に切って、中を見てみたよ。
2つにわかれたへやには、いろいろなものがつまっていたよ。

がく（へた）

えいようの通り道
がくの下には、へやにつづく道がある。えいようはここを通って、たねまではこばれるんだ。

たね
たねの先は、えいようの通り道につながっていて、そこからえいようをもらっているよ。

へや
たねとゼリーがつまっているよ。

たねのまわりのゼリー
果肉といわれるところだよ。たねからめが出ないようにする成分が入っているよ。

ひょうめんのうすいかわ
みの外がわには、うすくてじょうぶなかわがあるよ。

ぶあついかべ
うすいかわの下には、中のへやをまもる、ぶあついかべがある。はごたえがあって、おいしいところだね。

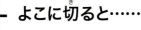 よこに切ると……

へやがわかれていて、たねの先が1かしょにあつまっているね。

 **もっと知りたい**

みからたねをとりだしてみよう

みの中にあるたねは、とりだしてかわかせば、来年の春にまいてそだてることもできるんだよ。

お店で売っているミニトマトでもできるんだって。

たねのとりだし方

1 みからゼリーをとりだす

みを半分に切って、スプーンでゼリーのぶぶんをすくってとりだそう。

2 たねをよくあらう

茶こしに入れて、水でゼリーをあらいながそう。手でこすって、ぬめりをとるよ。

3 たねをかわかす

キッチンペーパーに広げて、日かげでからからになるまでかわかそう。

4 れいぞうこに入れておく

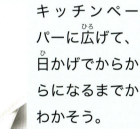

紙ぶくろへ入れて、れいぞうこへ。かわいていないと、カビがはえるのでちゅういしてね。

めを出すのは、むずかしいけれど、春になったらチャレンジしてみて!

たねのまき方

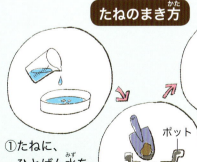

① たねに、ひとばん水をすわせる。
② たねを土にまく。
③ 25〜28℃くらいのあたたかいところにおく。

めが出たら、水やりをしてそだてるよ。

ミニトマトかんさつ絵本をつくろう!

ミニトマトのなえをうえてから、しゅうかくするまでを、お話にまとめるよ。ミニトマトを主人公にして、絵や文をかいてみよう。表紙をつけて、絵本をつくるよ。

●よういするもの
- 八つ切サイズ（ノートをひらいた大きさ）の画用紙…4〜5まい
- せい本テープ（ガムテープでもよい）
- 色えんぴつ

1 ミニトマトができるまでをふりかえる

まずは、しゅうかくまでにどんなできごとがあったか、ふりかえろう。自分がかいたかんさつカードを見れば、ミニトマトがどのように成長してきたかがわかるね。

トマトが赤くなる前に、カラスが来てたいへんだったなあ…。

2 場面を考える

４つから５つの場面を考えよう。しゅうかくするまでの間で、大きなへんかがあったところをとりあげると、おもしろくなるよ。

自ゆうちょうにかきだしてみるといいね。

①なえをうえた。
②つぼみができて、花がさいた。
③青いみができた。カラスが食べに来た。
④ミニトマトが赤くなったので、しゅうかくして食べた。

3 文を考える

場面ごとにお話の文を考えてみよう。ミニトマトになりきってかくことが、おもしろい絵本になるコツだよ。

①なえうえ

ぼくはトマ太。ある日ぼくは、あかね小学校につれてこられて……。ゆみちゃんにポットのおふとんをとられて、土にうえられちゃった！

文の中に自分が出てくると、おもしろいね。

②つぼみができて、花がさいた

ぼくは、すぐに小さなつぼみをつけてきれいな花をさかせたよ。

4 場面ごとの絵をかく

3で考えた文を画用紙にかいてから、文に合った絵をかくよ。1つの場面は、1まいのがようしにかこう。

かんさつカードを見ながらかいたよ。

5 本の形にととのえる

画用紙をつなぎあわせて、本の形にするよ。右の図みたいに、絵が内がわになるように半分におって、うらになる面どうしをのりづけしよう。さいごに、せをせい本テープでとめるよ。

のりづけ
半分におる
せ

6 題名をきめる

本のないようがわかるように、できあがったお話を読んで、どんな題名がぴったりか考えてみよう。

主人公の名前を題名に入れてもいいかも。

題名がきまったら、表紙にかくよ。絵もかこうかな。

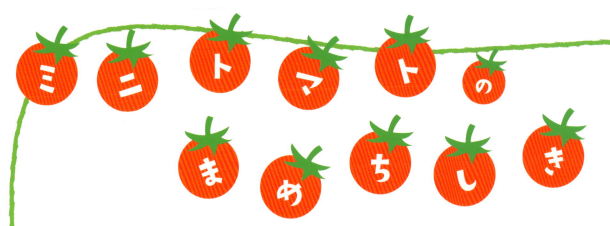

ミニトマトのまめちしき

トマトはどこで生まれたの？

ミニトマトは、もとから日本にあったわけではないよ。ペルーやエクアドルの「アンデス」というところや、メキシコから来たんだ。日本よりかんそうしていてあついところでそだったから、ミニトマトは雨に弱いんだ。

日本からはとても遠いところだね。

トマトが日本にやってきたのはいつ？

日本にやってきたのは、江戸時代。中国からやってきたよ。丸くてまっ赤なみは、めずらしかったから、そのころは食べるものではなく、見るものとして広まったんだ。そのころの中国は「唐」とよばれていたから、トマトは唐カキや唐ナスビなどといわれていたよ。

カキににているわ。

いや、ナスににているよ。

フルーツみたいにあまいトマト

フルーツトマトという、くだもののようにあまいトマトがあるよ。水や肥料のりょうをくふうしてそだてるんだ。塩水をやって、あまくてこい味にする農家の人もいるけれど、農家の人にしかできない、むずかしいさいばい方法だよ。

いろいろなすがたにかわるトマト

トマトは、生でサラダとして食べることが多いけれど、ジュースや調味料など、さまざまなすがたにかわるよ。きみはどれがすきかな？

ドライトマト
ケチャップ
トマトのかんづめ
トマトジュース

土がなくてもそだてられる!?

土にうえなくても、えいようの入った水にねをつけることで、そだてることもできる。虫がつきにくく、病気にもなりにくいんだって。この方法は、「水耕さいばい」とよばれているよ。

白っぽく見えるのは、すべてね。えいようのある水が入った箱に、ねがひたされているんだ。

さいばい・かんさつ おたすけ資料

かんさつカードのかき方をマスターしよう

ミニトマトをそだてている間、かんさつしたことをわすれないように、気がついたことや思ったことを、しっかりかきとめよう。

1 まずはじっくりかんさつ

目で見るだけではなく、はな、手もつかってかんさつしよう。ぜんたいを見わたしたり、近づいて細かいところまで見てみたりしてもいいね。かんじたこと、気づいたことは、すぐにメモをとろう。

2 かんさつイラストをかこう

かんさつして、きみがちゅうもくしたことはなにかな。たとえば、はっぱの形がおもしろいと思ったらはっぱを大きくかいてもいいね。つたえたいことによって、どんなイラストにするか考えてみよう。

3 かんさつ文をかこう

見たりさわったりしてわかったことなど、かんさつしたぶぶんのようすをくわしくかこう。自分のかんそうや考えをつけたすといいよ。

みんなのかんさつカードを見てみよう！

さいばい・かんさつ おたすけ資料

ミニトマト さいばいトラブル
虫や鳥に食べられた！

ミニトマトのはっぱや、みに、あながあいていたことはなかったかな。
それは虫や鳥が食べたあと。
ミニトマトには、どんな虫や鳥が来るのか、見てみよう！

成長がとまって、かれてきた
はっぱの色がかわってきた

はんにんは……
アブラムシ!!

アブラムシには、たくさんのしゅるいがあって、アリマキともよばれている。この写真は、モモアカアブラムシ。

たくさんつくと、トマトが弱ってしまうよ。
テントウムシはアブラムシが大こうぶつ。テントウムシをつかまえて、アブラムシをおいはらってもらおう。

はっぱが、さびたような色になる

はんにんは……
トマトサビダニ!!

目をこらして、やっと見えるほどの、小さな虫。手ではつかまえにくいので、ガムテープではりつけよう。

「こうやってゆびにまくよ。」

はっぱに、めいろのような線がある

はんにんは……
ハモグリバエ‼

絵をかいているみたいだから、エカキムシともいうんだって。

ハエが、はっぱにたまごを生みつけて、よう虫がはっぱの中でそだつんだ。見つけたら、はっぱをつみとろう。

はっぱにあながあいている

みが、丸くえぐれている

はんにんは……
ハスモンヨトウ‼

ガのよう虫。夜のうちにはっぱやみを食べるよ。
ハスモンヨトウのほかに、チョウのよう虫もはっぱを食べるので、見つけたら、とりのぞこう。

はんにんは……
鳥‼

鳥はまっ赤なトマトが大すき。みにネットをかけておく（→19ページ）と、鳥に食べられないよ。

みがかじられている

カラス

ムクドリ

35

さいばい・かんさつ おたすけ資料

ミニトマト さいばいトラブル

病気になった・うまくそだたない

ちゃんと水やりをしているのに、なんだか元気がなくなってかれちゃった……。
もしかしたら、ミニトマトが病気になっているのかも。

はっぱに、白や黄色の水たまもようができる

げんいんは……うどんこ病!!

はっぱに白いこな（カビ）がついて、うまくそだたなくなるよ。はっぱをつみとってすてたり、きりふきで水をかけたりしよう。

はっぱが丸まって、黄色くなる

げんいんは……黄化葉巻病!!

コナジラミ

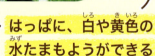

コナジラミが病気のもとをはこんでくるので、見つけたらおいはらおう。ざっそうをぬいて、風通しをよくすると、コナジラミがつきにくいんだ。

病気のげんいんは、虫がはこんでくることが多いんだ。病気になると、なおらないので、気をつけよう。

はっぱが黄色いまだらもようになる

はっぱがふしぎな形になる

げんいんは……モザイク病!!

アブラムシが病気のもとをはこんでくることが多いけれど、よごれたはさみをつかうことで、病気がうつることもあるよ。

みが青いまま、赤くならない

げんいんは……
日当たりがわるいかも

ミニトマトのみが赤くなるためには、たいようの光がたくさんひつようだよ。よく日が当たるところへ、プランターをいどうしよう。

みがわれている

げんいんは……
雨にあたった・かわいた土に急にたくさんの水をやった

水やりはみに水がかからないようにして、正しいりょうと回数をやろう。われたところは、写真のようにふさがって、白いきずがのこるけれど、食べられるよ。

みの下が黒くなって、くさる

げんいんは……
水やりと追肥の回数やりょうが多い(少ない)

これは「しりぐされ」といって、えいようがかたよると、おこるんだ。水やりを正しくすることと、肥料のりょうをまちがえないようにすることが大切だよ。

みがふしぎな形になった

げんいんは……
いろいろ

ふしぎな形になるのは、えいようのかたよりや、天気のわるい日がつづいたなど、さまざまなりゆうがある。見た目がかわっていても、食べられるよ。

上の4つは「生理障害」といって、病気ではないんだって。

虫がついたり、病気になったりしても、あきらめないでそだてれば、みができることもあるよ!

さいばい・かんさつ おたすけ資料

ミニトマトさいばい Q&A

ミニトマトをそだてている時に、みんながぎもんに思うことや、もっとじょうずにせわをするための方法をくわしくしょうかいするよ。

Q ミニトマトは、どれくらい水をあげればいいの？

やりすぎにちゅうい！

A 1日1回、朝10時ごろまでに土ぜんたいがしめるくらいの水をやるといいね。ミニトマトは、みができてからは、とくに水のやりすぎに気をつけよう。みがわれてしまったり、みの味がうすくなったりするんだ。土をさわって、かわいていたら、水をあげてね。雨の日には、やねのあるところへ、プランターをいどうしよう。

Q ミニトマトのプランターは、どこにおくといいの？

日当たりのいいところに！

A プランターは、日当たりのいいところにおこう。1日のうちで、日かげになる時間が長いばしょにおくと、あまり成長しないんだ。大雨や台風が来た時にすぐにはこべるように、やねが近くにあるところだといいね。また、風通しがいいかどうかも大切だ。風通しがわるいと、じめじめして病気になりやすいんだ。

Q 肥料って、なぜやるの？　どのくらいやるといいの？

みができたら2週間ごとに！

A なえをうえる時に、ばいよう土やふよう土という土をつかったね。その中に入っている肥料は、やさいが成長するためにひつようなえいようだよ。ミニトマトが成長するにつれて、土の中の肥料はへっていく。だから、みができた時に、追肥をはじめるんだ。追肥は、せつめい書にかいてあるりょうを2週間ごとにやると、みがよくそだつよ。

38

さくいん

ミニトマトをそだてていて、気になったものやことを、さくいんからひいてみよう。

※見開きの左右両方のページに同じことばが出てくる場合は、左のページばんごうを入れています。

あ
- あさがおのプランター …………5、6、10
- アブラムシ ………………………34、36
- うどんこ病 ……………………………36
- えいよう ………6、19、21、23、24、31、38
- 黄化葉巻病 ……………………………36
- おしべ …………………………………17

か
- がく ………………15、17、18、20、23、24
- 風通し …………………………………38
- 花ふん …………………………………17
- かんさつ絵本 …………………………26
- かんさつカード ……………………7、9、32
- くき ………………………8、10、12、21
- 高性のミニトマト ………………5、6、13
- コナジラミ ……………………………36

さ
- 支柱 ………………………………6、13
- しゅうかく …………………22、26、29
- 水耕さいばい …………………………31
- スコップ ………………………………6、10
- 生理障害 ………………………………37

た
- たね ……………………………6、23、24
- 追肥 ……………………………19、37、38
- 土 ……………6、10、19、25、27、29、31、38
- つぼみ ………………………14、16、27、29
- テントウムシ …………………………34
- トマトサビダニ ………………………34
- 鳥 ……………………………19、23、29、34

な
- なえ ……………………………6、8、10、26、38
- ね ……………………………………10、31
- ネット …………………………………19、35

は
- ばいよう土 ……………………………6、10、38
- ハスモンヨトウ ………………………35
- はっぱ ……6、8、11、12、15、21、32、34、36
- 花 ………………………14、16、18、20、27、29
- 花びら ………………………………14、17、33
- ハモグリバエ …………………………35
- はりがね ………………………………6、13
- 日当たり ………………………………37、38
- 病気 ……………………………13、31、36、38
- 肥料 ……………………………6、19、31、37、38
- ふよう土 ………………………………6、10、38
- ペットボトルじょうろ …………………6
- ポット ………………………………10、25、27、29

ま
- み ……4、17、18、20、22、24、27、29、30、35、37、38
- 水 ……………11、15、19、23、25、31、36、38
- 虫 ……………………7、17、19、31、34、36
- め ………………………………6、23、24
- めしべ …………………………………17
- モザイク病 ……………………………36

わ
- わい性のミニトマト ……………5、13、21
- わきめ …………………………………12、33

青山由紀（あおやま　ゆき）

筑波大学附属小学校教諭。筑波大学非常勤講師。光村図書・小学校「国語」教科書、「書写」教科書編集委員。日本国語教育学会常任理事。主な著書に、『話すことが好きになる子どもを育てる』（東洋館出版社）、『こくごの図鑑』（小学館）、『おぼえる！ 学べる！ たのしい四字熟語』（高橋書店）、『楽しみながら国語力アップ！ マンガ 漢字・熟語の使い分け』（ナツメ社）などがある。

鷲見辰美（すみ　たつみ）

筑波大学附属小学校教諭。日本初等理科教育研究会副理事長、文部科学省教育映像等の審査学識経験者委員。学校図書・小学校「理科」教科書編集委員。日本テレビ「世界一受けたい授業」に出演。朝日新聞2010年4月「花まる先生」に掲載。主な著書に『小学校理科授業ネタ事典』（明治図書）、『筑波発「わかった！」をめざす理科授業』（東洋館出版社）などがある。

撮影●上林徳寛
絵●山中正大
装丁・本文デザイン●周 玉慧
校正●株式会社 夢の本棚社
編集●株式会社 童夢
協力●筑波大学附属小学校２部１年、２部２年のみなさん
写真提供●株式会社 誠文社／協和株式会社ハイポニカ事業本部／こうち農業ネット／作務衣／ＨＰ埼玉の農作物病害虫写真集／ピクスタ／深谷雅博

学校でそだててかんさつ 夏やさい
ミニトマトをつくろう！

2018年4月初版　2018年11月第2刷

監修　青山由紀／鷲見辰美
発行者　岡本光晴
発行所　株式会社あかね書房
〒101-0065 東京都千代田区西神田3-2-1
電話 03-3263-0641（営業）　03-3263-0644（編集）
https://www.akaneshobo.co.jp
印刷所　吉原印刷株式会社
製本所　株式会社難波製本

ISBN978-4-251-09226-7 C8361
©DOMU 2018 Printed in Japan
落丁本・乱丁本はおとりかえいたします。
定価はカバーに表示してあります。
すべての記事の無断転載およびインターネットでの無断使用を禁じます。

```
NDC620
監修　青山由紀（あおやま　ゆき）／
　　　鷲見辰美（すみ　たつみ）
学校で　そだてて　かんさつ 夏やさい
ミニトマトをつくろう！
あかね書房　2018　40P　27cm×22cm
```

筑波大学附属小学校教諭
青山由紀／鷲見辰美 監修
山中正大 絵

全3巻

🍅 ミニトマトをつくろう！

丸くて赤い、ミニトマトの育て方を紹介。ミニトマトの観察カードをもとにした、観察絵本づくりについても解説する1冊。

🥒 キュウリをつくろう！

ぐんぐんのびる、つる性植物キュウリの育て方を紹介。キュウリ栽培について説明する新聞づくりについても解説する1冊。

🫛 エダマメをつくろう！

緑の豆がおいしいエダマメの育て方を紹介。エダマメ栽培をテーマとして、班で話し合う方法についても解説する1冊。